建设社会主义新农村图示书系

图说辣（甜）椒病虫害防治关键技术

孙　茜　王幼敏　潘文亮　主编

中国农业出版社

编著者名单

主　编　孙　茜　王幼敏　潘文亮

副主编　郭金霞　马广源　戴东权　孟祥发

编　委　王永存　王淑荣　马迎新　石琳琪　李耀发　李劲松　宋建新　高亚青　张尚卿　张建成　吕庆江　赵丽平　赵春年　袁立兵　梁文斌　潘　阳　魏文亮

前 言

接受中国农业出版社编写《图说辣(甜)椒病虫害防治关键技术》一书的任务之后，我一直在思考如何使关键技术更加贴近生产一线和实用，这应该是写好这本书的重点。奔着贴近生产一线和实用这个目标，我将近年来在承担绿色蔬菜生产技术集成项目中在辣（甜）椒田间进行的一系列的病虫害整体防控方案的试验与示范以及棚室辣（甜）椒无公害生产关键技术的实战示范的实践加以归纳总结整理，编写成《图说辣（甜）椒病虫害防治关键技术》一书。

这本书不仅文字简洁易懂，还有135幅生动直观的彩色照片，可以帮助读者对照图片识别辣（甜）椒病虫害，理解书中的关键技术。特别是一些新经验、新点子和经过菜农试用成功的新技术是我们对读者的特别奉献。

希望这本书成为菜农朋友种菜致富的好帮手。

编　者

2011年7月

目　录

一、病　害

猝　倒　病

［症状］猝倒病是辣（甜）椒苗期的重要病害。多发生在早春育苗床（盘）上，幼苗感病后在茎基部呈水渍状软腐倒伏，即猝倒，如图1。湿度大时，椒苗初感病使秧苗成暗绿色，感病部位逐渐缢缩，如图2，致病苗折倒坏死。染病后期茎基部变成黄褐色干枯呈线状，如图3。在病苗或床面上密生白色棉絮状菌丝。

［发病原因］病菌主要以卵孢子在土壤表层越冬，条件适宜时产生孢子囊释放出游动孢子侵染幼苗。通过雨水、浇水和病土传播，带菌肥料也可传病。低温高湿条件下容易发病，土温10～13℃，气温15～16℃病害易流行发生。播种、移栽或苗期浇大水，又遇连阴天低温环境发病重。

图1　苗盘发生猝倒病状

图2　初感病苗茎基部暗绿色缢缩状

图3　染病椒苗茎基部黄褐色干枯呈线状

[防治关键技术]

1. 生物防治

（1）选用抗病品种。所有病害防治方法中最省事、省心、省时的方法就是选择抗病品种。种植抗病品种也是种植有机蔬菜的基础。生产中较抗病的甜椒有红英达、美梦、世纪红、冀研12系列等品种均较抗猝倒病。

（2）采用无土育苗法。即使用灭菌后的基质（如草炭土）、营养块等育苗。

（3）加强苗床管理，保持苗床干燥，适时放风，避免低温高湿条件出现，不要在阴雨天浇水，浇水应选择在晴天的上午。

（4）苗期喷施叶面肥，如喷施10亿个活孢子/克枯草芽孢杆菌500倍液于幼苗床上或淋灌，用以增强幼苗的抗病能力和促使幼苗健壮生长，而且避免喷施其他药剂造成药害的风险。

（5）清园，消灭越冬病残体组织、用异地大田土和腐熟的有机肥配制育苗营养土。严格限制化肥用量，避免烧苗。合理分苗，适度密植，控制湿度、浇水是关键，降低棚室湿度。苗床土注意消毒及药剂处理。

2. 药剂防治

（1）土壤处理的配方是：取大田土与腐熟的有机肥按6：4混均，并每立方苗床土加入100克68％金雷水分散粒剂和2.5％适乐时悬浮剂100毫升混拌过筛，如图4。用这样的土装入营养钵或做苗床土表土铺在育苗畦表面，或在播种覆土后用68％金雷水分散粒剂500倍药液封闭覆盖播种后的土壤表面。

图4 混配好的药土应覆盖薄膜存放

（2）种子包衣防治：种子药剂包衣可选6.25%亮盾悬浮剂10毫升或2.5%适乐时悬浮剂10毫升+35%金普隆乳化拌种剂2毫升（也可用68%金雷水分散粒剂3克代替），对水150 ～ 200毫升包衣3千克种子，可有效预防苗期猝倒病和其他如立枯病、炭疽病等苗期病害。注意包衣加水的量以完全充分包上种子为目的，适宜为好，注意充分晾干后再播种。

（3）药剂淋灌：救治可选择68%金雷水分散粒剂500 ～ 600倍液（折合100克药对3 ～ 4桶*水），或40%菲格悬浮剂500倍液，或72%克抗灵可湿性粉剂600倍液，或霜疫清可湿性粉剂700倍液，或72.2%普力克水剂1 000倍液等对秧苗进行淋灌或喷淋（就像人洗淋浴澡那样淋施秧苗）。

疫病（茎基腐病）

［症状］疫病是辣（甜）椒生长中非常重要的流行性病害。一旦感染流行面对的将是毁灭性的绝收。辣（甜）椒全生育期均可以感染疫病，辣（甜）椒南北方种植区域不论设施栽培还是露地种植均可发生，茎秆、果实、叶片都能感病。秧苗感病茎秆基部变褐色后枯干死亡常称为茎基腐病，如图5。棚室或天气湿度大时感病部位或果实表面会长出少量稀疏白色霉层，如图6。叶片染病，从叶边缘开始，发病初期植株有点片失水性萎蔫现象，如图7。病重时叶片腐烂、整株成片枯死，如图8。感病后茎秆节间处黑色枯死，如图9，或根基部呈黑褐色腐烂症状，如图10。果实感病大多从果蒂开始，初期呈水渍状不规则暗绿软果，如图11。感病后期茎秆和果实干枯长出白色霉状物，如图12。

［发病原因］ 病菌主要以卵孢子、厚垣孢子在病残体或土壤中越冬。在设施棚室中，辣（甜）椒可以安全越冬栽培，病菌也可以周年侵染，借助雨水、灌溉水传播。发病适宜温度为

---

* 1桶水即1背负式喷雾器水，约为15升水。

图5 秧苗感病茎秆基部变褐色并枯干死亡

图6 湿度人时感病部位长出稀疏白色霉层

图7　初期病株点片发生，呈失水性萎蔫

图8　病重时叶片腐烂，整株成片枯死

图9 感病后茎秆节间处黑色枯死

图10 根基部呈黑褐色腐烂

图11 果实感病初期呈水渍状不规则暗绿软果

图12 感病后期茎秆和果实干枯长出白色霉状物

25 ~ 30℃，相对湿度高于85%时极易发病。保护地棚室内空气湿度大、浇水过量、叶面有水珠或露水是病菌萌发侵入的有利条件。定植过密，通风、透光性差，排水不良，积水地块发病重，如图13，病害流行快。

图13　局部地块积水后疫病重发生状

[防治关键技术]

1. 生物防治

(1) 选用抗病品种。如红英达、方舟、冀研12、冀研13、冀研7号等品种。

(2) 实行3 ~ 5年轮作。选择高低适中、排水方便的肥沃地块，秋冬深翻，施足优质腐熟的有机肥，增施磷、钾肥。

(3) 采用高垄栽培，如图14，避免积水；或高畦地膜覆盖，大小行（宽窄行）栽培，有条件的地方建议使用膜下暗灌或滴灌，棚室湿度不宜过大，发现中心病株及时拔除深埋。把握好移栽定植后的棚室温湿度，注意通风，不能长时间的闷棚。

图14　辣椒高垄栽培模式

（4）清洁田园，将病果、病叶、病株收集起来深埋。

（5）及时整枝，打掉下部老叶，一般辣（甜）椒长成出售个头时，即可及时打掉下部老叶。防止大水漫灌，注意通风透光，降低湿度。

（6）夏天暴雨过后，要用井水浇一次，并及时排走，以降低地温，防止潮热气体熏蒸果实，造成烂果。这就是人们常说的“涝浇园”。

2. 药剂防治　生产中如果仅仅针对某一个病害进行防控是非常被动的，实践中我们可以采用辣椒一生病害整体防控方案即“防治大处方”来系统防控，可收到良好的防治效果（见本书第五部分）。也可以选用40%菲格悬浮剂1 000倍液、25%瑞凡悬浮剂1 000倍液、75%达科宁可湿性粉剂600倍液、25%阿米西达悬浮剂1 500倍液、80%大生可湿性粉剂500倍液进行预防。治疗药剂可选用68%金雷水分散粒剂600倍液、25%瑞凡悬浮剂800倍液加25%阿米西达悬浮剂1 500倍液混用、40%菲格悬浮剂700倍液、72.2%普力克水剂800倍液、72%克抗灵可湿性粉剂800倍液、62.5%银法利悬浮剂800倍液喷施。茎基部感病可用68%金雷水分散粒剂500倍液喷淋或涂抹病部，尤其是感病植株茎秆以涂抹病部效果更好。

灰 霉 病

［症状］ 灰霉病是棚室辣（甜）椒越冬和早春栽培较为严重的病害，一旦发病损失极大，又较难防治。灰霉病主要为害幼果和叶片，发生严重时也可侵染茎秆。病菌从开放的雌花花瓣侵入，花瓣腐烂，果蒂顶端开始发病，如图15，果蒂感病向内扩展，致使感病果呈灰白色，软腐，长出大量灰绿色霉菌层，如图16。重度感染灰霉病时茎秆分叉处长有灰白色霉菌，如图17。

图15 花瓣腐烂，果蒂顶端开始感染病菌的幼果

图16 幼果感染灰霉病后期产生的灰霉层

图17 重度感染灰霉病茎秆分叉处长出灰白色霉菌

[发病原因] 灰霉病菌以菌核或菌丝体、分生孢子在病残体上越冬。病原菌为弱寄生菌，从伤口、花器和衰老的器官侵入。柱头是容易感病的部位。花期是灰霉病侵染高峰期。病菌借气流和农事操作传播进行再侵染。适宜发病气温为18 ~ 23℃，湿度90%以上高湿、低温、弱光照有利于发病。大水漫灌又遇连阴天是诱发灰霉病的最主要因素。密度过大，放风不及时，或氮肥过量造成盐渍化严重导致土壤缺钙，植株生长衰弱均有利于灰霉病的发生和扩散。

[防治关键技术]

1. 栽培管理措施

（1）控湿设置。控制棚室湿度对防控辣椒灰霉病有着非常重要的作用。保护地棚室要高畦覆盖地膜栽培，如图18；地膜暗灌渗浇小水，如图19。有条件的可以考虑采用滴灌，如图20，节水控湿。用滴灌、地膜、使用透光性好的棚膜如明净华棚膜（示范效果得到肯定）可以帮助我们调节棚室的环境，尤其是阴天除要注意保温外还应严格控制灌水。早春应将上午放风改为清晨短时间放湿气，并且尽可能的早，使湿度尽快置换，降湿提温以利于辣椒生长。

图19　膜下渗灌浇水

图18　采用高垄栽培的辣椒

（2）及时清理病残体，摘除病果、病叶和侧枝，清除集中烧毁和深埋。注意摘除病果时首先要对整体植株喷施防治灰霉病的药剂，对植株进行全面杀菌后再进行摘除病果工作。应戴一次性手套或废弃的食品袋将病果一一摘除或剪掉放在一个密闭的袋子或桶里，严禁随手从风口扔出病果。否则病果上的霉菌会随风散落在植株上，污染植株和健康果实。摘病果时应专做这一件事情，不要触摸任何健康的果实和植株。摘除病果完毕应将袋子一并带出棚室深埋，切忌随意乱丢，那样病菌也会随风传播，使病害加重。

图20　棚室滴灌栽培甜椒

（3）合理密植，高垄栽培。防治灰霉病，控制湿度是关键。辣（甜）椒虽然是弱光作物，种植过密影响植株通风透光，尤其是冬季栽培的辣椒，生长在弱光环境里，更应合理密植，使之充分见光。大小行（宽窄行）种植可使植株通风透光，生长良好，果实优质，如图21。另外氮、磷、钾均衡施用，不过量使用氮肥，避

图21　大小行高效种植

免植株过旺生长，造成郁蔽也是控制病害的重要环节。

2. 药剂防治

（1）喷壶施药：因辣椒灰霉病是花期侵染，辣（甜）椒开花时需要对花后幼果用小喷壶喷施防病药剂。即用50%卉友可湿性粉剂2克对10升水直接喷花即可。

（2）常规药剂防控：果实膨大期要进行重点防控。最好采用辣椒一生病害整体防控方案（参见本书第五部分）。可选用25%阿米西达悬浮剂1 500倍液、75%达科宁600倍液、56%阿米多彩悬浮剂1 000倍液喷施预防。可选用50%卉友可湿性粉剂3 000 ～ 4 000倍液、50%和瑞水分散粒剂1 200倍液、50%农利灵干悬浮剂1 000倍液、40%施佳乐悬浮剂1 200倍液、50%多霉清可湿性粉剂800倍液、50%扑海因可湿性粉剂500倍液、50%利霉康可湿性粉剂1 000倍液喷雾防治。

病　毒　病

随着设施辣（甜）椒种植面积的不断增加，辣（甜）椒病毒病在棚室中得到了初步控制，这与设施栽培，防虫网阻断和生态防治有很大关系。但是在露地栽培和秋延后棚室栽培中，面对传毒媒介虫口密度极大的压力下，病毒病的发生仍然较严重。防治传毒媒介仍然是防控病毒病的重中之重。

［症状］病毒病的症状有：花叶、黄化、坏死、畸形等多种。生产中常见的主要有：①花叶症如图22：出现病症时，叶片叶脉稍透明，叶色深浅不一，形成斑驳花叶，但植株没有明显畸形或矮化。重症时叶片除有斑驳花叶外，还凹凸不平，皱缩畸形，如图23，植株生长缓慢，严重矮化，如图24；②黄花症：感病叶片明显变黄，容易出现落叶落花现象；③坏死症：植株叶片或枝条组织出现坏死斑，如图25；④畸形症：整株变形，叶片变成线形蕨叶，植株矮小分支多，如图26。感染病毒病后，辣（甜）椒果实有坏死条纹并产生畸形果，如图27。有些感病植株的症状是复合发生的，一株多症的现象很普遍。

图22　辣椒病毒病花叶症状

图23　叶片凹凸不平，皱缩畸形

图24　染病毒病植株矮化

图25　坏死症：病毒造成叶片条纹形坏死斑

图26　畸形症：植株矮小多分支、蕨叶

图27 具有坏死病斑症的畸形果

[发病原因] 病毒是不能在病残体上越冬的，只能靠冬季尚还生存或种植的蔬菜、多年生杂草、蔬菜种株作为寄主存活越冬。来年依靠虫传、接触及伤口传播，通过整枝打杈等农事活动传染。蚜虫取食传播，是病毒病害发展蔓延的主要传播渠道。高温干旱适合病毒病发生，有利于蚜虫繁殖和传毒。管理粗放、田间杂草丛生和紧邻十字花科留种田的地块发病重。防治病毒病铲除传毒媒介是最关键的环节。

[防治关键技术]

1. 生态防治

（1）彻底产除田间杂草和周围越冬存活的蔬菜老根，种植地块尽量远离十字花科制种田。

（2）引进选用较抗病或耐病品种。如甜椒冀研12、冀研13、红罗丹、世纪红、美梦、红英达、索菲娅、冀星7号、湘研2号、方舟、冀研4号、冀研7号等。

（3）增施有机肥，培育大龄苗和粗壮苗，加强中耕，增强植株本身的抗病毒能力是关键。

（4）北方露地栽培的辣（甜）椒，为生产绿色和有机产品，可以全覆盖防虫网种植辣（甜）椒，以有效抵御蚜虫、白粉虱和蓟马的传毒为害，如图28。实践证明，加防虫网是设施蔬菜棚室最有效阻断传毒媒介的措施，如图29。没有条件的地方夏季育苗可采用加扣小拱棚防虫网的方法。

图28　露地加设防虫网，全覆盖型种植甜椒模式

图29　加防虫网的两网一膜的设施育苗棚

（5）露地种植田可以采用间作套种适当播一些高秆作物遮阴降温，如图30，与玉米套种。

（6）利用蚜虫的趋黄性，悬挂黄板诱蚜，如图31；利用蚜虫的趋避性，采用银灰膜避蚜。

图30 辣椒与玉米套种

图31 采用黄板诱蚜的大棚

2. 药剂防治

（1）种子处理：用10%磷酸三钠浸种30分钟杀灭种子表面病毒，而后用清水冲洗催芽播种。

（2）灌根：也是我们推荐的懒汉灌根施药法。即用强内吸性的25%阿克泰水分散粒剂一次性防治，持效期可长达25 ~ 30天。方法是在移栽前2 ~ 3天，用阿克泰1 500 ~ 2 500倍液（或1喷雾器水加6 ~ 8克药）喷淋幼苗，如图32。使药液除喷叶片以外还要渗透到土壤中。平均每平方米苗床喷药液2升左右或2克药对1桶（背负式喷雾器）水，喷淋100株幼苗，有很好的治虫预防病毒病的作用。

图32　幼苗期淋灌施药

（3）常规药剂防控：可选用25%阿克泰水分散粒剂2 500 ~ 5 000倍液、10%吡虫啉可湿性粉剂1 000倍液、10%抗虱丁可湿性粉剂1 000倍液、2.5 %绿色功夫水剂1 500倍液灭蚜，苗期可选用20%病毒A可湿性粉剂500倍液、1.5 %植病灵乳油1 000倍液等进行喷施，对病毒病有一定的抑制作用。

炭 疽 病

[症状] 辣（甜）椒炭疽病主要侵染叶片和幼果，苗期到成株期均可发生。炭疽病典型病斑为圆形，初呈浅灰色，如图33。幼苗期发病，近地面部位变黄褐色，病斑逐渐凹陷，致使幼苗折倒。辣（甜）椒生长期棚室高湿条件下病斑呈圆形，果实染病稍凹陷，初期浅绿色后期暗褐色，病斑表面有粉红色黏稠物，如图34。辣椒病果初为褪绿水渍状斑点，后变成褐色，斑点中间淡灰色，为近圆形轮纹斑，如图35。后期病果感病处黑褐色干枯，如图36、图37。

图33　中心呈灰褐色的炭疽病病斑

图34　甜椒染病后呈黄褐色轮纹斑的病果

图35　辣椒染炭疽病呈轮纹斑的病果

图36　感染炭疽病后期呈黑褐色干枯的牛角椒

图37　染炭疽病呈黑褐色病斑的叶片和长出子实体的病果

［发病原因］ 病菌以菌丝体或拟菌核随病残体或在种子上越冬，借雨水传播。发病适宜温度为27℃，湿度越大发病越重。棚室温度高、多雨或浇大水、排水不良、种植密度大、氮肥过量的生长条件下病害发生重，易流行。植株生长衰弱发病严重。一般春季棚室栽培后期发病几率高，流行速度快，管理粗放也是病害流行的重要因素，应引起高度重视。

［防治关键技术］

1. 选用抗病品种 使用抗病品种是既有效又节约生产成本的防治办法。品种中有：冀研椒系列、冀星系列、红英达、红苏珊、世纪红、湘研系列、长丰甜椒等。

2. 生态防治 重病地块轮作倒茬。可以与葫芦科或豆科蔬菜进行2～3年的轮作。加强棚室管理，通风放湿气。设施栽培的建议地膜覆盖沟灌或滴灌以降低湿度减少发病。晴天进行农事操作，避免阴天整枝、采收等，以免人为传染病害。

3. 种子包衣防病 选用用2.5%适乐时悬浮种衣剂10毫升，加35%金普隆乳化种衣剂2毫升，对水150～200毫升可包衣3千克种子。

4. 温汤浸种和药剂灭菌 55～60℃恒温水浸种15分钟，或75%达科宁可湿性粉剂500倍液浸种30分钟后冲洗干净催芽，均有良好的杀菌效果。

5. 苗床土消毒 苗床土消毒可减少侵染菌源，可参照疫病苗床土消毒配方操作。

6. 药剂防治 建议采用辣（甜）椒一生病害整体防控方案。因病害有潜伏期，发病后防治困难。应采取25%阿米西达悬浮剂1 500倍液进行前期系统性预防，会有非常好的效果。也可选用75%达科宁可湿性粉剂600倍液、56%阿米多彩悬浮剂1 000倍液、10%世高水分散粒剂1 500倍液、80%大生可湿性粉剂600倍液、2%加收米水剂600倍液、70%甲基托布津可湿性粉剂500倍液、5%霉能灵可湿性粉剂800倍液、25%凯润乳油1 500倍液等喷雾，7～10天喷施一次。生长后期视病害发生程度，严重时可以选用25%势克乳油4 000倍液、30%爱苗乳油3 000倍液、25%敌力脱乳油4 000倍液喷雾防控。

白　粉　病

[症状] 辣（甜）椒全生育期均可以感病。主要感染叶片，如图38。发病重时感染枝干、茎蔓。发病初期主要在叶面或叶背产生白色圆形粉斑点，图39，从下部叶片先开始染病，逐渐向上发

图38　感染白粉病的辣（甜）椒叶片

图39　感染白粉病病叶背面长出白色霉状物

展。严重感染后叶面会有一层白色霉状物，如图40，发病后期感病部位白色霉层呈灰褐色，叶片发黄坏死，如图41。

图40　甜椒白粉病田间为害状

图41　感染白粉病后期，叶片呈黄色坏死状

[发病原因] 病菌以闭囊壳随病残体在土壤中越冬。越冬栽培的棚室病菌可在棚室内作物上越冬。借气流、雨水和浇水传播。温暖潮湿、干燥无常的种植环境，阴雨天气及密植、窝风环境易发病和流行。大水漫灌，湿度大，肥力不足，植株生长后期衰弱发病严重。

[防治关键技术]

1. 生态防治 种植抗白粉的优良品种，引进的品种有美梦、黄贵人、索菲娅、奥黛丽、紫贵人、红罗丹、红苏珊等，冀研6号、冀研7号等系列品种也较抗病。

适当增施生物菌肥及磷、钾肥，有机质含量不足或土壤盐渍化较重的地块，可以施入一些益微芽孢杆菌生物菌肥，对土壤活化有一定的促进作用。

加强田间管理，降低湿度，增强通风透光，创造利于辣椒生长，不利于病菌繁殖的条件；收获后及时清除病残体，并进行土壤消毒，可减少菌源。

2. 药剂防治 建议采用辣（甜）椒一生病害防治整体防控方案。实践证明，只要在定植后开花前就采用25%阿米西达悬浮剂1 500倍液预防，间隔使用一些防控其他的病害药品，白粉一般均可被控制，有非常好的效果。常规防治可选用75%达科宁可湿性粉剂600倍液、10%世高水分散粒剂2 500 ～ 3 000倍液、56%阿米多彩悬浮剂1 000倍液、32.5%阿米妙收悬浮剂1 200倍液、80%大生可湿性粉剂600倍液、70%品润干悬浮剂600倍液、2%加收米水剂400倍液、5%霉能灵可湿性粉剂800倍液、43%菌力克悬浮剂6 000倍液等喷雾。生长后期可以选用25%势克乳油4 000倍液、30%爱苗乳油3 000倍液、25%敌力脱乳油4 000倍液喷雾防控。棚室拉秧后应及时深埋或烧毁，并用硫黄熏蒸棚室杀菌。

菌　核　病

[症状] 辣（甜）椒菌核病在重茬地、老菜区发生比新菜区要严重。整个生长期均可以发病。成株期发生较多，成株期植株

各个部位均有感病现象。先从主干茎基部或侧根侵染，呈褐色水渍状凹陷，如图42。病茎表面易破裂，湿度大时，皮层霉烂，如图43。叶片染病呈水渍状大块病斑，逐渐枯死，如图44，易脱落。果实染病病部后期凹陷，病株斑面长出白色菌丝体，如图45，并形成菌核，如图46。

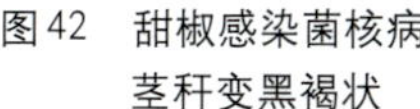

图42 甜椒感染菌核病茎秆变黑褐状

图43 病茎表面易破裂，湿度大时皮层霉烂

图44 叶片染病呈水渍状大块病斑并逐渐枯死

图45 高湿环境下病株长出白色絮状菌丝

图46 果实感病后期菌丝茂密形成菌核

[发病原因] 病菌主要以菌核在田间及棚室中或混杂在种子里越冬。春天子囊孢子随气流由伤口、叶孔等侵入，也可由萌发的子囊孢子芽管穿过叶片表皮细胞间隙直接侵入，适宜发病温度为16～20℃。早春低温高湿、连阴天、多雾天气发病重。

[防治关键技术]

1. 生态防治

（1）保护地栽培覆盖地膜，可阻止病菌出土；尽早排湿、保温，摘除老叶，净化生长环境，可减少菌源。

（2）土壤表面药剂处理：每100千克土加入2.5%适乐时悬浮剂10毫升、68%金雷水分散粒剂20克拌均匀撒在育苗床上，或用药液喷洒封闭土壤表面。对定植棚室土壤表面进行药剂封闭杀菌，可施用40%菲格悬浮剂500倍液、68%金雷水分散粒剂500倍液喷施定植前的穴窝或定植沟表面，如图47，这样可以有效杀灭土壤表面的菌核病菌，减少感染。

（3）及时清理病残体集中烧毁或深埋。

2. 药剂救治 建议采用辣椒一生病害整体防控方案，可有效减少和降低发病几率，而且成本低效益高（参见本书第五部分）。药

图47 定植前对穴坑和土表进行药剂封闭杀菌

剂可选用25%阿米西达悬浮剂1 500倍液、75%达科宁可湿性粉剂600倍液、40%菲格可湿性粉剂800倍液喷施预防；或选用10%世高水分散粒剂800倍液、56%阿米多彩悬浮剂1 000倍液、32.5%阿米妙收悬浮剂1 200倍液、2%加收米水剂500倍液、50%卉友可湿性粉剂3 000倍液、50%瑞镇水分散粒剂1 200倍液、50%多霉清可湿性粉剂800倍液、50%扑海因可湿性粉剂500倍液、50%利霉康可湿性粉剂800倍液喷雾。

疮 痂 病

[症状] 辣（甜）椒在苗期和成株期均可感染疮痂病。病菌通过植株的输导组织韧皮部和髓部进行传导和扩散，在叶片上形成灰白色至灰褐色病斑，如图48。剖开茎秆可见茎内褐变，向上下两边扩展。感病后期茎秆基部皮层腐烂，如图49。果柄感病，病斑下陷或纵裂，如图50。潮湿条件下病茎和叶柄会有菌脓溢出，重症时全株枯死。叶片染病病斑黑绿色至黄褐色边缘褪绿，病斑圆形或不规则水渍状。果实染病可见果面隆起的白色圆点，如图

图48 感染疮痂病的叶片

51。病斑融合连在一起可形成较大隆起的疙瘩。疮痂病可以引起叶片脱落。凸起带轮纹的病斑是诊断辣（甜）椒疮痂病的典型症状。不同的季节和栽培条件疮痂病的发生症状不尽相同。

图49　茎秆病斑下陷或纵裂

图50　果柄病斑下陷或纵裂

图51　病果隆起的白色圆点疱斑

[发病原因] 辣（甜）椒疮痂病是细菌性病害。病菌侵染幼苗、茎秆及幼果。病菌可在种子内、外和病残体上越冬，可在土壤中存活2～3年。病菌主要从伤口侵入，包括整枝打杈时损伤的叶片、枝秆和移栽时的幼根。也可从幼嫩的果实表皮直接侵入。由于种子可以带菌，其病菌远距离传播主要靠种子、种苗和鲜果的调运；近距离传播靠雨水和灌溉。保护地大水漫灌会使病害扩大蔓延，农事操作、溅水也会传播病害。长时间结露和暴雨天气发病重。保护地、露地均可发生。近年来国外引进品种发病较重。

[防治关键技术]

1. 生态防治

（1）清除病株和病残体并烧毁，病穴撒入石灰消毒，如图52。采用高垄栽培，如图53。避免带露水或潮湿条件下进行整枝打杈等农事操作。

图52　拔除病株后撒石灰消毒病穴

图53　高垄栽培辣椒

（2）种子消毒：温汤浸种。将种子投入55℃（2份开水+1份凉水）的温水中，搅拌至水温30℃，静置浸种16～24小时。或70℃ 10分钟干热灭菌。也可用药剂浸种：①福尔马林浸种，先用清水预浸5～6小时，再用40%的福尔马林100倍液浸20分钟，取出密闭2～3小时，用清水冲净，可预防疮痂病。②多菌灵浸种：预浸1小时，再用50%多菌灵可湿性粉剂500倍液浸7~9小时，用清水冲净。或用10亿活孢子/克枯草芽孢秆菌可湿性粉剂100倍液拌种，能杀死附着在种子表面的病菌。

2. 药剂防治 预防疮痂病初期可选用47%加瑞农可湿性粉剂800倍液、77%可杀得可湿性粉剂500倍液、27.12%铜高尚悬浮剂800倍液喷施或灌根，或用25%细菌灵片剂400倍液喷施。每667米^{2}用3～4千克硫酸铜撒施后浇水处理土壤也可以预防疮痂病。

线 虫 病

［症状］ 线虫病就是菜农俗称的“根上长土豆”的病，或叫根上长疙瘩，如图54。主要为害植株根部或须根。根部受害后产生大小不等的瘤状根结，如图55，剖开根结感病部位会有很多细小的乳白色线虫隐藏其中。地上植株会因发病致使生长衰弱，中午时有不同程度的萎蔫现象，并逐渐枯黄。

图54　辣（甜）椒感染线虫病症状

图55　感染线虫病的根系瘤状根结

[发病原因] 线虫生存在5 ~ 30厘米的土层之中，以卵或幼虫随病残体遗留在土壤中越冬。借病土、病苗、灌溉水传播，可在土中存活1 ~ 3年。线虫在条件适宜时由寄生在须根上的瘤状物，即虫瘿或越冬卵，孵化形成幼虫后在土壤中移动到根尖，由根冠上方侵入定居在生长点内，其分泌物刺激导管细胞膨胀，形成巨型细胞或虫瘿，称根结。田间土壤的温湿度是影响卵孵化和繁殖的重要条件。一般喜温蔬菜生长发育的环境也适合线虫的生存和为害。在我国南方温湿环境下发生较为普遍。随着北方深冬季设施蔬菜种植辣（甜）椒面积扩大和种植时间的延长，给线虫越冬创造了很好的条件。连茬、重茬的种植棚室辣（甜）椒，线虫病有日益严重的趋势。越冬栽培辣（甜）椒的地区，茄科作物连作重茬，线虫病害发生普遍，已经严重影响了冬季辣（甜）椒生产和效益。

[防治关键技术]

1. 生态防治

（1）无虫土育苗：选大田土或没有病虫的土壤与不带病残体的腐熟有机肥以6 ∶ 4比例混均，每立方米营养土加入100毫升1.8%虫螨克星乳油，或1.8%阿维菌素乳油100毫升混均用于育苗，现代化育苗设施使用的营养土，一定要消毒灭虫。不要在发生线虫病害的棚室里育苗。无法避开的，建议地面加设一层地砖或反扣穴盘作支垫，如图56，上铺一层棚膜隔离开，减少线虫污染。

图56 反扣穴盘作支垫与地面隔离防线虫侵染

(2) 高温闷棚

① 土壤填充物秸秆+粪+尿素+速腐剂+100%土壤水量闷棚法：试验示范结果证明，这种方法杀灭线虫是最有效的。操作程序是：

• 对连年种植的重茬地块，利用夏季休闲期，选择连续高温天气，将腐熟的鸡粪、农家肥4米^3、尿素20千克及粉碎后的秸秆撒施均匀于棚室种植层表面，如图57。

• 撒施促进秸秆腐熟和软化的生物发酵速腐剂，每667米^{2}10千克，如图58。

图57 均匀撒施农家肥、尿素、粉碎后的秸秆于棚室土表

图58 撒施促进秸秆腐熟和软化的生物发酵速腐剂

• 深翻旋耕，如图59。

• 浇水，大水浇透，要有明水，如图60。

• 覆盖地膜闷棚，如图61。一般7 ~ 8月闷棚20 ~ 30天。插上地温表测试不同耕作层的土壤温度，如图62。一般测试耕作层10厘米和20厘米土壤温度。

图59　深翻旋耕

图60　大水浇透，有明水

图61 覆盖地膜

图62 插上地温表测试不同耕作层的土壤温度

封闭闷棚结束后，揭去地膜，耙晒土壤1周后即可播种。

测试结果表明：闷棚处理5～20厘米土层最高温度可达45～60℃，而不闷棚的最高温度仅达30～40℃，随着温度升高及时间的延长，线虫孵化率呈下降趋势，高温结合加水处理效果更加明显。这个试验示范充分证明了棚室辣椒生产中，利用日光能进行土壤高温消毒（高温闷棚）法防治棚室辣（甜）椒线虫病

图63　效果显著的闷棚处理

无疑是最经济有效且符合无公害生产要求的方法之一，如图63。

区别于治理土壤盐渍化的杀菌闷棚防治线虫闷棚时土壤水量应该是大水漫灌，100%，水量给人的感觉是土表面有积水，持续闷15天，这样效果才会好。杀菌和治理土壤盐渍化闷棚需要土壤含水量是85%，视觉查看水量应该是“湿乎乎”，没有明显积水，为合适。

②石灰氮灭菌杀虫反应堆法：其学名叫氰氨化钙反应堆。原理是氰氨化钙遇水分解后所生成的气体单氰胺和液体双氰胺对土壤中的真菌、细菌、线虫等有害生物有广谱性杀灭作用。氰氨化钙分解的中间产物单氰胺和双氰胺最终可进一步生成尿素，具有无残留的优点。

操作方法：前茬蔬菜拔秧前5～7天浇一遍水，拔秧后将未完全腐熟的农家肥或农作物碎秸秆均匀地撒在土壤表面，立即将每667米^{2}60～80千克的氰氨化钙均匀撒施在土壤表层，如图64，旋耕土壤10厘米使其混合均匀，如图65，再浇一次水，如图66，覆盖地膜，如图67，高温闷棚15天以上，然后揭去地膜，放风7～10天后可做垄定植。处理后的土壤栽培前注意增施磷、钾肥和生物菌肥。在北方由于土壤大多是碱性和盐渍化严重，再用石灰氮处理容易加重土壤盐碱化的程度，我们建议菜农使用高温闷棚中的秸秆+粪+尿素+速腐剂+100%土壤水量闷棚法。

图64　氰氨化钙（石灰氮）均匀撒施于棚室土表

图65　旋耕土壤使氰氨化钙与土壤混合均匀

图66 浇 水

图67 覆盖地膜

2. 药剂防治

（1）药剂处理闷棚法：上茬作物拉秧后的夏季，将土壤深翻40 ～ 50厘米每667米^{2}混入生石灰200千克、1.8％阿维菌素乳油250毫升、50％辛硫磷乳油1 000毫升和50％多菌灵可湿性粉剂1.5千克混入棚室土中。可随即加入松化物质秸秆每667米^{2}5 000千克，旋耕、挖沟浇大水漫灌后覆盖棚膜高温闷棚，或铺施地膜盖严压实，15天后可深翻地再次大水漫灌闷棚持续20 ～ 30天，可有效降低线虫病的为害。处理后同样需要增施磷、钾肥和生物菌肥，以增加土壤活性。

（2）药剂处理土壤：定植前每667米^{2}沟施10％福气多颗粒剂1.5 ～ 2千克，施后覆土、洒水封闭盖膜1周后松土定植，或每667米^{2}沟施10％克线丹颗粒剂3 ～ 4千克。对已经定植的植株生长早期可以进行灌根，每株用10％克线丹颗粒剂1 ～ 2克扒穴灌药，但是必须在采摘前40天使用。

褐 斑 病

［症状］褐斑病常发生在辣（甜）椒生长中后期，主要为害叶片。染病初期叶片呈水渍状褐色小斑点，如图68，病斑颜色较鲜亮，逐渐扩展成不规则深褐色病斑，病斑中央有黑褐色亮斑，如图69，并在周围伴有一条轮纹宽带，严重时病斑连片，导致叶片脱落，如图70。

图68　辣（甜）椒叶片感染褐斑病初期

图69　感染褐斑病叶片呈黑褐色亮斑状

［发病原因］ 病菌以菌丝体或菌丝块随病残体或在病叶上越冬，借风雨传播，从伤口或气孔侵入，高温高湿条件下发病严重。春季保护地辣（甜）椒生长后期和雨季到来时节有利于病害流行。

图70　褐斑病田间为害状

［防治关键技术］

1. 生态防治　①实行轮作倒茬，及时清除病叶残枝；②地膜覆盖方式栽培可有效减少初侵染源；③适量浇水，雨后及时排水；④生长后期打掉老叶，加强通风；⑤合理增施钾肥、锌肥，注意镁肥和钙肥。

2. 药剂救治　建议采用辣（甜）椒一生病害整体防控方案，成本低效益高（见本书第五部分）。病害有潜伏期，发病后防治已经非常被动。采取25%阿米西达悬浮剂1 500倍液预防，或早期进行32.5%阿米妙收悬浮剂1 200倍液喷施就会把褐斑病控制住。上述药品预防会有非常很好的效果。也可选用75%达科宁可湿性粉剂600倍液、56%阿米多彩悬浮剂1 000倍液、32.5%阿米妙收悬浮剂1 200倍液、10%世高水分散粒剂1 500倍液、5%霉能灵可湿性粉剂800倍液、80%大生可湿性粉剂600倍液、50%利霉康可湿性粉剂500倍液等喷雾，生长后期视病害发生严重程度，严重时可以选用25%势克乳油4 000倍液、30%爱苗乳油3 000倍液、25%敌力脱乳油4 000倍液喷雾。

青　枯　病

［症状］ 辣（甜）椒青枯病在生产中属于急性凋萎型细菌性病害。多在开花期间发生，主要为害叶片、幼嫩生长点，如图71，后期发展到整株萎蔫。感病时上部叶片颜色较浅且萎蔫，并不明

显表现病斑变色，如图72。感病植株白天萎蔫傍晚可恢复正常，但后期叶片变褐黄色，生长点枯死（即自封顶），如图73。纵剖病茎可见维管束变褐色，保湿后有菌脓流出，如图74，这一点区别于枯萎病。由于维管束的病变致使植株整体呈萎蔫症状，如图75。

图71　患青枯病急性凋萎枯干的辣椒生长点

图72　青枯病病株上部叶片颜色较浅且萎蔫

图73　辣（甜）椒青枯病病株生长点"自封顶式"枯死

图74　剖根可见病株维管束褐变

图75 青枯病田间为害状

[发病原因] 病原菌属于细菌，寄主范围很广。可在种子内、外和病残体上越冬；主要从叶片气孔侵入，或从根部或茎基部伤口侵入，在维管束的导管内繁殖扩展，有时病菌穿过导管进入邻近的薄壁组织，在茎上出现油渍状褐色坏死斑，借助飞溅水滴、棚膜水滴下落、结露、叶片吐水、农事操作、雨水、气流传播蔓延，进入植株体内靠维管束组织扩展，故常造成导管堵塞和细胞中毒，这是叶片和植株萎蔫现象的根本原因。土温是发病的重要因素。适宜发病温度为30 ～ 35℃，相对湿度70%以上容易促使病害流行。大雨或连阴雨后骤晴，气温急剧升高，湿气热气蒸腾交织，病害发生严重。连作重茬、盐渍化土壤的地块或排水不良、钾肥不足、酸性土壤均有利于青枯病的发生与流行。

[防治关键技术]

1. 生物防治

(1) 选用耐病品种，引用抗寒性强的杂交抗病品种。冀研4号、冀研6号、冀研7号等系列品种较抗病，引进品种有红英达、美梦、世纪红、方舟等。

(2) 改良土壤，轮作倒茬。与瓜类或大田禾本科作物进行5年以上的轮作。对酸性土壤增施草木灰和石灰，每667米^{2}施用100 ～ 150千克草木灰或10千克石灰，使土壤呈微碱性或中性，抑制青枯病菌的繁殖和发生。

（3）清除病株和病残体并烧毁，病穴撒入石灰消毒。采用高垄栽培，严格控制阴天带露水或潮湿条件下进行整枝打杈等农事操作。改进栽培技术，高垄栽培或深沟窄厢种植，避免积水伤根。

（4）改进育苗栽培技术，提倡营养钵育苗，如图76，或营养块育苗，如图77，做到少伤根，培育壮苗和大龄苗，提高幼苗抗病能力。

图76　营养钵育苗

图77　营养块育苗

（5）种子消毒：①可用温汤浸种。将种子投入55℃（2份开水+1份凉水）的温水中，搅拌至水温30℃，静置浸种16～24小时；②或70℃ 10分钟干热灭菌；③福尔马林浸种：先用清水预浸5～6小时，再用40%福尔马林100倍液浸20分钟，取出密闭2～3小时，用清水冲净，可预防细菌性病害。④多菌灵浸种：先用清水预浸1小时，再用50%多菌灵可湿性粉剂500倍液浸7～9小时，用清水冲净。⑤生物菌药拌种：用10亿活孢子/克枯草芽孢杆菌可湿性粉剂100倍液拌种，能杀死附着在种子表面的病菌；⑥种子包衣：用6.25%亮盾悬浮剂10毫升，对水150～200毫升可用于4千克种子包衣，晾干后播种。

2. 药剂防治 细菌性病害发生初期可选用47%加瑞农可湿性粉剂800倍液、77%可杀得可湿性粉剂500倍液、14%络氨铜水剂300倍液、27.12%铜高尚悬浮剂800倍液喷施或灌根。也可每667米^{2}用3～4千克硫酸铜撒施后浇水处理土壤，预防细菌性病害。

软 腐 病

［症状］ 此病主要发生在辣（甜）椒生长后期，为害果实。多是从果实虫害或机械硬伤伤口侵染。果实初为水渍状软化，如图78，逐渐变褐软腐。病果果肉腐烂后果皮呈膜状，如图79，并散发出臭味。幼苗染病后随即折倒软腐死亡。

图78 感染软腐病水渍状软化的彩椒（李红霞 摄）

［发病原因］ 病菌随病残体在土壤里

图79　腐烂后果皮呈膜状　（李红霞　摄）

或其他寄主植株体上越冬，通过雨水、灌溉水或虫蛀以及人为造成的伤口或自然气孔侵入、传播。其中，以虫子蛀蚀后的伤口为害最重。持续降雨、田间积水、潮湿的田间小气候条件下发病严重。

[防治关键技术]

（1）设施栽培，加强棚室防虫网的设置，杜绝鳞翅目害虫飞入产卵和为害。农事操作动作要轻，尽量减少人为伤口。

（2）及时摘除病果和虫蛀果。

（3）大棚栽培建议吊挂性诱剂捕捉器，每667米^{2}挂一个即可。

（4）露地栽培的辣椒，加强水肥管理，高垄栽培，避免积水和加强透气，降低田间湿度。

（5）视病果腐烂程度可以喷施防治细菌性病害的药剂。如47%加瑞农可湿性粉剂500倍液，或77%可杀得3 000可湿性粉剂800倍液，以减少大面积腐烂。

细菌性穿孔病

[症状] 细菌性穿孔病主要为害叶片。叶片感病初呈浅黄色油渍状斑点，扩展后病斑颜色渐呈褐色，病斑圆形，如图80。干燥时病斑脱水性

图80 辣椒细菌性穿孔病病叶

干枯，呈穿孔状。重症时会造成大面积叶片脱落。

[发病原因] 病菌可以在种子或病残体上越冬，借助风雨和灌溉水传播，从伤口侵入。持续降雨、大水漫灌、田间积水、阴雨潮湿的气候又遇突变高温晴天，发病严重。

[防治关键技术]

（1）保护地栽培，加强棚室防虫网的设置，杜绝鳞翅目害虫飞入产卵和为害。农事操作动作要轻，尽量减少人为伤口。

（2）种子消毒：①温汤浸种。将种子投入55℃（2份开水+1份凉水）的温水中，搅拌至水温30℃，静置浸种16～24小时。②70℃ 10分钟干热灭菌。③福尔马林浸种。种子在净水中预浸5～6小时，再用40%福尔马林100倍液浸20分钟，取出密闭2～3小时，用清水冲净，可预防种子细菌性病害。

（3）露地栽培的辣椒，加强水肥管理，高垄栽培，避免积水和加强透气，降低田间小气候的湿度。

（4）视病果腐烂程度，可以喷施杀细菌性药剂。如47%加瑞农可湿性粉剂500倍液、77%可杀得3 000可湿性粉剂800倍液、40%细菌灵片剂2～3片对1桶水（1背负式喷雾器水）。

二、生理性病害

日　灼　病

［症状］ 日灼病又称日烧病。日灼病主要表现在果实上，发病初期果面褪绿、失水，果肉变薄，如图81、图82，继而病部凹陷，果肉组织坏死呈浅灰白色，如图83。病部容易感染杂菌生出褐色霉层，如图84。重症时腐烂。

图81　日灼病病果的灰白色病斑

图82　甜椒果实日灼病状

图83　日灼病病果果肉凹陷

图84　日灼果病部感染杂菌生出霉层

[发病原因] 辣（甜）椒是喜温和中等光照的作物。过强的光照对辣（甜）椒生长发育不利。过强的光照易抑制植株生长。春季大棚或塑料小拱棚内栽培的甜椒，其植株的生长势远比露地栽培的要强，过强的光照易引起果实患日灼病，特别是高温、干旱、强光条件下，植株生长缓慢，植株之间遮阴性差，果实直接暴露在强日照下易造成日灼病斑果。

[防治关键技术]

（1）选用抗高温或越夏耐热品种。如火鹤3号、火花、万家灯火等。

（2）合理密植，以使植株间适当遮阴。露地栽培辣椒建议采取双株一穴，每667米^{2}不少于8 000株，以结果时垄间能互相遮挡为适宜。

（3）露地种植，实行辣椒与玉米等高秆作物间作如图85。棚室种植应加盖遮阳网，以减少日灼病的发生，如图86。

（4）增施磷、钾肥，促使果实发育。结果期注意及时浇水，避免干旱。促大秧，尽早封垄。

（5）及早防虫，避免因虫害引起的落花落叶导致遮阴差。

图85　辣椒与玉米间作，遮阴，减少果实直接暴晒

图86　加盖遮阳网的棚室有利于减少日灼病的发生

黄化（热害）

[症状] 植株整体发黄，叶片叶脉间叶肉呈褪绿白化坏死状，如图87，疑似斑驳花叶病毒症状。

[发病原因] 棚室栽培或夏秋种植的辣（甜）椒，在持续高温接近38℃的条件下生长，地面温度会更高时，植株叶片会因高温造成叶脉间叶肉褪绿黄化，形成黄色斑驳，叶片部分或整个叶片褪绿黄化。

图87　高温熏蒸造成的叶片叶肉褪绿白化症

[防治关键技术] 参照日灼病的防治方法。

缺钙症（脐腐病）

[症状] 缺钙症又称脐腐病、蒂腐病，多发生在土壤板结、重茬、盐渍化严重的地块。多发生在幼果的果蒂部，如图88，果顶或侧面发生时初呈水渍状病斑，如图89，逐渐转化成暗褐色下陷，失水后收缩成皮囊状，如图90。重症病斑因湿度大被杂菌侵染生有深褐色或深红色霉状物，果肉腐烂。脐腐有时可扩展到半个果面，如图91,发生脐腐的果实没有任何商品价值。

[发病原因] 开花期前后，土壤忽干忽湿，气温忽高忽低，水分、气温变化剧烈，根系活力下降，钙吸收受到抑制，造成植株钙缺乏。导致细胞间隔膜破坏，细胞四分五裂，组织坏死。幼果最先呈现缺钙坏死症。过量加施氮肥和钾肥，会抑制钙的吸收，也会造成脐腐病的发生。沙性土壤湿度变化大，氮肥和钙肥易在

图88　发生在果蒂部位的甜椒脐腐病

图89　脐腐病初期呈水渍状病斑

图90　失水收缩皮囊化的脐腐病果

图91　重症脐腐病果被杂菌侵染产生深褐色霉状物

土壤中流失也容易形成脐腐果。重症盐渍化土壤，土壤盐浓度过高造成根压吸收无力吸肥困难，也有利于脐腐发生。

[防治关键技术]

(1) 合理施肥浇水，杜绝干旱和大水漫灌。增施有机肥，增强土壤通透性。注意中耕松土，排水。

(2) 采用地膜覆盖技术保持土壤中均衡的水分供应。建议使用滴灌技术和营养钵或营养块育苗避免根系受伤害。

(3) 移栽田间后不蹲苗，促大秧、大苗，尽早促使根系发达，增强植株吸水能力。

(4) 合理使用氮肥，防止徒长和土壤盐渍化。

(5) 土壤盐渍化严重的地块，需要改良，降低盐渍化程度，增强土壤通透性和增加有机质含量，以期从根本上改善根系吸收钙肥的能力（棚室土壤处理，请参考线虫病高温闷棚技术）。

(6) 花期前后，可以喷施绿得钙可溶性叶面肥，或古米钙可溶性叶面肥、瑞培钙等螯合性钙元素肥，1 ～ 2次。

筋　腐　病

[症状] 病果果实着色不均匀，如图92，呈现畸形变色或不规则褐色病斑，如图93，一般为褐色筋腐型条状不规则病斑，果实

图92　筋腐病病果着色不均匀

图93　筋腐病病果的褐色病斑

坚硬不腐烂。切开病果可见果肉褐色坏死性筋腐条纹，如图94。果实因有病斑而着色不均匀，没有商品价值。

图94　剖开病果可见褐色坏死性条斑

［发病原因］筋腐病多发生在冬季低温、弱光照易使植株徒长的栽培季节里。在这样的条件下辣（甜）椒植株体内的碳水化合物不足，代谢失调，致使维管束木栓化。此病的发生多与栽培管理不良，过量施氮肥造成缺钾、镁肥，或使植株体内多项微量元素缺失，保护地棚室如果大棚夜晚温度高，会造成碳水化合物的供给不足，造成碳水化合物的代谢与分布不均，糖分转化不均匀造成黑筋果、白化果、青斑果、透明玻璃斑果。施用未腐熟的肥料以及过度密植、小苗定植，苗弱缓苗期长生长慢的植株易患筋腐病。

［防治关键技术］

1. 栽培抗病品种　可选抗耐病品种，抗病毒病的品种。尽可能的轮作倒茬，缓解单一种植带来的营养失调症。

2. 加强栽培管理　合理密植，增施有机肥和生物菌肥，配方施入氮、磷、钾肥和复合肥。施用枯草芽孢杆菌灌根、开花坐果期施用益微生物菌肥淋灌，可收到良好效果。同时应注意复合肥的施用，尤其是适量施入锌、镁、钙、铁等微量元素复合肥，如果期补充90%高效腐植酸叶面肥、古米叶、瑞培绿、多维禾谷的禾果丰等都是示范中受到肯定的叶面肥或可溶性肥料，应及时补充螯合锌、螯合镁、螯合钙、螯合铁等。

3. 冬季栽培的辣（甜）椒应该加强采光　栽培引进品种时，应注意稀植，加强排水，高畦栽培。

低 温 障 碍

［症状］辣（甜）椒是喜温作物，对温度的要求比较高。生长发育适宜温度为20～30℃，气温低于20℃，温差过大，骤然降温会使幼果受寒果皮呈紫色斑痕，如图95。低于15℃，植株生长缓慢，易落花，如图96。辣（甜）椒停止生长的温度是14℃。低于10℃时，植株新陈代谢就会紊乱，授粉和果实发育将受到影响，易产生畸形果，如图97。长时间生长在0～5℃时会受冻害，叶子呈浅紫褐色，如图98。植株根系呈绣黄褐色，少有新根和须根，老

图95　骤然降温幼果受寒果皮呈紫色斑痕

图96　持续寒冷造成的落花落蕾

图97　寒害造成的畸形果

图98　受冻产生的紫褐色叶片

根有腐朽坏死现象，根颈部有腐烂，如图99，持续时间长了，导致死秧。

图99　持续低温造成的锈根、根腐症

［发病原因］辣（甜）椒是喜温作物，对寒冷的环境耐受力是有限的。温度低于14℃时植株停止生长，当冬春季或秋冬季节栽培或育苗时，在遭遇寒冷或长时间低温或霜冻时，辣（甜）椒植株本身会因低温障碍产生寒害。分苗、移栽浇水量过大、持续低温阴天、土壤积水、通透性差，根系吸氧不足，发病重。

［防治关键技术］

（1）选择耐寒、抗低温和抗弱光品种栽培。如红英达、冀研6号等品种。

（2）根据生育期确定地温保苗措施，避开寒冷天气移栽定植。

（3）育苗期注意保温，可采用加盖草毡、棚中棚加膜等措施进行保温抗寒。

（4）突遇霜寒，应采取临时加温措施，烧煤炉，或铺施地热线、烧土炕等。

（5）定植后提倡全地膜覆盖，可有效降低棚室湿度，进行膜下渗浇，小水勤浇，切忌大水漫灌，有利于保温排湿。

（6）有条件的可安装滴灌设施，既可保温又可降湿，降低发病几率。做到合理均衡的施肥浇水，是无公害蔬菜生产的必然趋势。

（7）喷施抗寒剂。可选用3.4%碧护可湿性粉剂6 000倍液即1～2克药（1袋）加15千克水（1喷雾器水或叫1桶水），或10亿活孢子/克枯草芽孢杆菌可湿性粉剂500倍液喷施或淋灌，或1喷雾器水加50克红糖+0.3%磷酸二氢钾喷施。

土壤盐渍化障碍

［症状］ 植株生长缓慢、矮化，叶色深绿，叶缘有浅褐色枯边，如图100。植株生长障碍性黄化（图101）和脱水性萎蔫，如图102。

图100 盐渍化障碍造成的叶缘褐色枯边

图101 盐渍化烧根黄化

图102 盐渍化土壤造成的生长障碍性萎蔫

［发病原因］ 在重茬、连茬、有机肥严重不足、大量施用化肥的种植地块、经常发生辣（甜）椒植株营养不良的现象。长期施用化肥，会使土壤中的硝酸盐积累。由于肥料中的盐分不会或很少向下淋失，土壤中的盐分借毛细管水上升到表土层积聚，盐分的积聚使根压过小，造成植株对各种养分吸收输导困难，导致植株生长缓慢。植株根压过小，反而向植株索要水分，造成局部水分倒流，同时保护地棚室或夏季露地的温度高、水分蒸发量大，叶片因植株吸收水分和养分不足，呈叶缘枯干状，重症呈现盐渍化状态萎蔫或枯萎。

［防治关键技术］

（1）增施有机肥，测土配方施肥，尽量不用容易增加土壤盐类浓度的化肥，多施用硝态氮肥和生物钾肥。氮肥过量的地块增施钾肥和动力生物菌肥，以求改变土壤通透气状况和盐性环境。也可混施益微芽孢杆菌或枯草芽孢杆菌肥，改善土壤有机质转化环境。

（2）重症地块灌水，泡田淋失盐分，并及时补充因泡田流失的钙、镁等微量元素。

（3）深翻土壤，增施腐熟秸秆等松软物质，加强土壤通透性和植株吸肥性能，这是改变盐渍化土壤的根本。

氮（中毒）过剩症

［症状］ 氮过剩症（中毒）多发生在育苗时期。营养育苗土加入过量的尿素或磷酸二铵会造成秧苗烧叶，呈急性白化枯边状，如图103，甚至急性凋萎致幼苗死亡，如图104。

［发病原因］ 过量的施入氮肥，使氮肥转化成了氨基酸进而转化成生长素，刺激了植株幼叶的快速生长。大量施入氮肥是造成氮过剩症（中毒）的主要原因。营养育苗土加入过量的氮素会造成秧苗根系氮浓度过高，水吸收障碍，表现为烧根中毒枯死。

［救治方法］

（1）测土施肥、多施有机肥，严格掌握化肥的施入量。秸秆

图103　苗期过量使用氮肥造成的急性白化枯叶症

图104　营养土氮过量造成急性凋萎烧苗

还田，增强土壤的通透性。

（2）增加灌水，降低根系周围氮的浓度，缓解中毒现象。

缺　镁　症

［症状］ 缺镁的典型症状是老叶片叶脉之间叶肉褪绿黄化，形成斑驳花叶，叶片发硬，叶缘稍向上卷翘，如图105，重症时会向上部叶片发展，逐渐黄化，直至枯干死亡。

图105　缺镁造成的叶肉黄化斑

［发病原因］ 由于过量施用氮肥造成土壤呈酸性，影响植株对镁肥的吸收，或钙中毒造成碱性土壤也应影响植株对镁的吸收，从而影响叶绿素的形成，导致叶肉黄化。低温时，氮、磷肥过量，有机肥不足也是造成土壤缺镁的重要原因。

［防治关键技术］ 增施有机肥，合理配施氮、磷肥，配方施肥非常重要，及时调试土壤酸碱度、改良土壤，避免低温，多施含镁、钾肥的厩肥。叶片可喷施叶面肥古米叶10克对1桶水（15千克），或好施得液剂800倍液，或瑞培绿10克对1桶水，或90%高效腐植酸叶面肥颗粒剂10克对1桶水，或1%～2%的硫酸镁或螯合镁、螯合锌等，均可缓解因寒冷造成的缺镁褪绿症状。需要注意的问题是，在溶解固体性叶面肥时，先用少量水化开，让其充分溶解后，再对大量水至喷雾器中，即二次稀释法。这样喷施的效果会比较理想。

涝　害

[症状] 涝害植株根系因水淹缺氧，生长发育受阻，根系弱小，根尖变黑，有烂根现象。地上植株叶片萎蔫、枯黄，如图106。

[发病原因] 水涝对蔬菜的危害主要是对根的影响。涝害使根因缺氧呼吸困难，活力下降，光合作用下降，二氧化碳扩散受到影响，二氧化碳的积聚促进无氧呼吸，削弱了植株本身的解毒能力，易发生毒害。水涝还可造成多种元素的缺失，如锰、铁、锌的流失。

[防治关键技术] 高垄栽培，注意排水，如图107。设施蔬菜基地应合理灌溉，有条件的应该铺设滴灌设备，如图108。滴灌、喷灌、软管微灌（图109）、膜下渗灌（图110），均是简便易行的防涝害的好方法。涝害之后，注意及时排水、排湿，适时追施速效肥料，让植株尽快恢复生长和增强抗逆能力，并注意观察病害发生与预防情况，做到及时发现及时治疗。

图106　大水浸泡造成的根腐

图107　高垄栽培辣（甜）椒

图108　设施栽培中的滴灌

图109　软管微灌

图110　膜下渗灌

三、虫　害

烟　粉　虱

［为害状］成虫或若虫群集嫩叶背面刺吸汁液，如图111，使叶片褪绿变黄。由于刺吸汁液造成汁液外溢又诱发落在叶面上的杂菌形成霉斑，如图112，严重时霉层覆盖整个叶面，如图113。

图111　烟粉虱群集辣椒叶背面刺吸汁液

图112　烟粉虱为害后诱发霉斑

图113　重症烟粉虱为害造成的霉污植株

［为害习性］ 烟粉虱露地、温室均有发生，常年在温室为害。烟粉虱没有休眠和滞育期，繁殖速度非常快。约1个月完成1个世代。每类雌成虫平均产卵150粒左右，每一个雌虫还可以孤雌生殖10个以上的雄性子代。成虫喜食幼嫩枝叶，有强烈的趋黄色性。烟粉虱的发育随着温度的提高而加快，18℃时发育历期31.5天，24℃时24.7天，27℃时22.8天。可见温度越高发育速度越快，繁殖越多，为害作物就越严重。由此也能看出，春末夏初烟粉虱繁殖加快，到了夏秋季节烟粉虱为害达到高峰。因此，从防治上看应该是越早越好。

［防治关键技术］

1. 生态防治

（1）生物防治：棚室栽培可以放养丽蚜小蜂防治烟粉虱，如图114。

（2）设置防虫网：为阻止烟粉虱飞入为害，棚室应设置40目防虫网，如图115，夏季育苗小拱棚应加盖防虫网。

（3）黄板诱杀：设置黄板，每667米^{2}吊挂30块黄板，诱杀残存在棚室网内的烟粉虱，如图116。

图114　丽蚜小蜂寄生烟粉虱状

图115　大棚设置防虫网

图116　甜椒棚室吊挂黄板诱杀烟粉虱

2. 药剂防治

（1）灌溉：即穴灌施药（灌窝、灌根），用强内吸杀虫剂25%阿克泰水分散粒剂，在移栽前2 ~ 3天，以1 000 ~ 1 500倍的浓度[1桶（背负式喷雾器）水加8 ~ 10克药]对幼苗进行喷淋，如图117，使药液除叶片以外还要渗透到土壤中。平均每平方米苗床喷药液4升左右，即4克阿克泰对1桶水喷淋100棵幼苗。农民自己育苗秧畦可用喷雾器直接淋灌，如图118。持续有效期可达20 ~ 30天，有很好的防治粉虱类和蚜虫的效果。用此方法可以有效预防粉虱和蚜虫媒介传毒的作用，农民又称“懒汉防虫施药法”。

（2）喷雾：可选用24.7%阿立卡微囊悬浮剂1 500倍液、25%阿克泰水分散粒剂2 000 ~ 3 000倍液喷施或淋灌15天1次，或25%阿克泰水分散粒剂1 500倍液加2.5%功夫水剂1 500倍液混

图117　苗床淋灌施药

图118　秧畦喷淋施药

用，或10%对扑虱灵可湿性粉剂800 ～ 1 000倍液与2.5%功夫水剂1 500倍液混用，或10%吡虫啉可湿性粉剂1 000倍液，或1.8%虫螨克星乳油2 000倍液喷雾防治。

蚜　　虫

[为害状] 以成虫或若虫群聚在叶片背面，如图119，或在生长点及花器上刺吸汁液为害如图120。造成植株生长缓慢、矮小，幼嫩被害部分呈簇状。

[为害习性] 蚜虫1年可以繁衍10代以上。以卵在越冬寄主上或以若蚜在温室蔬菜上越冬，周年为害。气温在6℃以上时，蚜虫就可以活动为害。繁殖适宜温度是16 ～ 20℃，春秋时10天左右完成1个世代，夏季4 ～ 5天完成1代。每个雌蚜产若蚜60头以上，

图119　蚜虫在叶片背面聚集为害状

图120　蚜虫在甜椒幼果和嫩尖上刺吸为害状

繁殖速度非常快。温度高于25℃时高湿环境下不利于蚜虫为害，这就是为什么在高温高湿环境下，蚜虫为害反而减轻的缘故。由此看出，北方蚜虫为害期多在6月中下旬和7月初。蚜虫对银灰色有驱避性，有强烈的趋黄色性。

［防治关键技术］

1.生物诱杀 蚜虫不仅自身对作物造成危为害同时还是传毒媒介，预防病毒病也应该从防治蚜虫开始。应清除棚室周围的杂草，减少虫源。经常查看作物上有无蚜虫，随有即防。铺设银灰膜避蚜，如图121。设置黄板诱蚜，也可就地取简易板材涂黄漆再涂上机油吊至棚中，30 ～ 50米^{2}挂一块诱蚜板，如图122。

2.药剂防治 建议早期采用“懒汉灌根施药法”防治蚜虫为害(见烟粉虱防治关键技术)，以期有效控制蚜虫数量和为害。后期可选用24.7%阿立卡微囊悬浮剂1 500倍液、25%阿克泰水分散粒剂3 000倍液、2.5%功夫水剂1 500倍液、1%印楝素水剂800倍液、

图121 铺设银灰膜避蚜

图122 黄板（柱）诱杀蚜虫

48%乐斯本乳油3 000倍液、10%吡虫啉可湿性粉剂1 000倍液喷施。

茶 黄 螨

[为害状] 茶黄螨虫体非常小，以至于人们的肉眼看不到，只能借助显微镜才能见到虫子。以成螨或幼螨集中在辣（甜）椒幼嫩部位即生长点刺吸汁液，尤其是辣（甜）椒的幼芽、花蕾和幼嫩叶片。受害植株叶片增厚、变脆、皱缩或扭曲畸形，如图123，重症植株常被误诊为病毒病。叶背面呈灰褐色卷曲，节间缩短，幼茎被害僵硬直立，如图124。为害严重时，生长点枯死秃顶状，

图123　叶片畸形窄小、皱缩或扭曲

图124　叶背面卷曲，节间缩短，幼茎僵硬

植株矮小畸形，如图125。受害果实表皮僵硬、木栓化、畸形，如图126，果实膨大后表皮龟裂。

图125　生长点枯死秃顶，植株矮小

图126　果实畸形，表皮僵硬木栓化

[为害习性] 茶黄螨1年发生25代以上。在北方露地不能过冬。只能以成螨在蔬菜棚室的土壤里和越冬蔬菜的根际处越冬。依靠爬行、风力和人为操作以及苗木转移扩散蔓延。茶黄螨繁衍很快，25℃时完成1代仅需要约13天，30℃时10天就繁殖1代。成螨对湿度要求不严格，但是高温高湿有利于螨虫的繁衍。茶黄螨仅靠螨虫自身移动扩散距离有限，这也是螨虫为害点片发生的原因。远距离扩散多与人为传带和移栽有关。因此，幼苗繁育和移栽期杀螨对于控制茶黄螨为害非常重要。

[防治关键技术]

（1）清除田园杂草和辣（甜）椒拉秧后的枯枝落叶，集中烧毁，尽量减少残存枝条上的螨虫过冬。

（2）茶黄螨生活周期较短，繁殖力强，应注意早期防治。可选用20%螨太可乳油1 500倍液、1.8%虫螨克星乳油2 000 ～ 3 000倍液、20%哒螨灵乳油1 500倍液、20%克螨特乳油2 000倍液、40%尼索朗乳油2 000倍液喷施。

红　蜘　蛛

[为害状] 红蜘蛛是螨类，也是菜农常说的辣（甜）椒“火龙”的祸首。用肉眼看能在叶子背面看到小红点刺吸为害，以成螨或若螨集中在叶片背面和甜椒幼嫩部位即生长点刺吸汁液，如图127，造成秃顶。仔细查看红蜘蛛常结成细细的丝网，如图128。被吸食的叶片正面呈现小斑点，严重时叶片成沙点状，黄红色，如图129，即火龙状。

图127　红蜘蛛在甜椒生长点和花蕾上刺吸为害状

图128　红蜘蛛结成的细细丝网

图129　严重为害时叶片呈沙状褪绿"火龙"

[为害习性] 红蜘蛛以成螨在蔬菜棚室的土壤里和越冬蔬菜的根际处越冬。依靠爬行、风力、人为操作以及苗木转移扩散蔓延。红蜘蛛繁衍很快，成螨对湿度要求不严格，这就是红蜘蛛在干旱、高温环境下为害严重的缘故。红蜘蛛仅靠自身移动扩散距离不大，这也是螨虫为害点片发生的原因。远距离为害多与人为传带和移栽有关，因此，清洁田园对于控制红蜘蛛为害非常重要。

[防治关键技术]

(1) 清除上茬蔬菜拉秧后的枝叶应集中烧毁或深埋，以减少虫源。

(2) 加强肥水管理，重点防止干旱，以减轻为害。

(3) 药剂防治：红蜘蛛生活周期较短，繁殖快，应尽早防治，重视秧苗期防控工作，控制虫源数量，避免移栽传带扩散。可选用20%螨太可乳油1 500倍液、1.8%虫螨克星乳油2 000 ～ 3 000倍液、20%哒螨灵乳油1 500倍液、20%克螨特乳油2 000倍液、

40%尼索朗乳油2 000倍液喷施。

棉　铃　虫

［为害状］ 棉铃虫食性很杂，除了为害棉花、玉米、小麦等大田作物之外，也能为害番茄、辣椒、茄子、南瓜、豆类、甘蓝等蔬菜。以幼虫蛀食辣（甜）椒的叶片（图130）、花蕾、果实，如图131、图132。食害嫩芽、幼茎和叶片。主要为害叶片，因蛀食叶片造成辣（甜）椒叶片大面积缺刻、空洞，如图133。受害花蕾苞叶张开，变黄，脱落；受害花雌雄蕊被吃光，不能坐果；幼虫钻入果实为害，造成果实脱落或腐烂。大发生年份，蛀果率可高达30%～50%，造成减产并影响品质。

图130　棉铃虫啃食甜椒叶片

图131　被棉铃虫蛀食的辣椒果实

图132 被棉铃虫蛀食的朝天椒幼果

图133 被棉铃虫啃食的大面积缺刻的辣椒植株

[发生规律] 棉铃虫在我国广泛分布，由北向南1年发生3～7代，在辽宁、河北北部、内蒙古、新疆等地1年发生3代，华北4代，长江以南5～6代，云南7代。在华北地区，第一代幼虫为害期为5月下旬至6月下旬，第二代幼虫发生为害盛期在6月下旬至7月，第三代幼虫为害期在8～9月，第四代幼虫主要发生在9月至10月上、中旬。可见，棉铃虫各代在中后期发生时代不整齐，在同一时间往往可见到各种虫态，因此，各种蔬菜只要生育期适合（花、蕾、果），都会受到棉铃虫为害。为害辣（甜）椒的多是棉铃虫二代，露地栽培在6月中下旬夏秋季生长期发生。越夏、露地种植的辣（甜）椒会在盛果期（7月初）遭受二代棉铃虫幼虫为

害。秋季种植的，会在盛果期的9月遭受四代棉铃虫的幼虫为害。

[形态特征] 棉铃虫成虫为中型的蛾子，体长15 ~ 20毫米，翅展31 ~ 40毫米，前翅灰褐或灰绿色，中前部位有一对肾形斑和环形斑。卵呈馒头形，有纵隆纹，初产时乳白色，逐渐变黄，变黑后孵出幼虫。初孵幼虫个体很小，黑色，经过4 ~ 5次脱皮不断长大，最大时体长40 ~ 50毫米。棉铃虫幼虫长大后因为食物等原因，体色可呈不同类型，或全绿色，或淡红色、褐色等，但体背和体侧都带有不同颜色纵线。棉铃虫成虫具有趋光性、趋化性，所以利用黑光灯、糖醋液和杨树枝把可以诱杀成虫。

棉铃虫的卵为散产，幼虫孵出后，有取食卵壳的习性，所以卵期可喷施具有胃毒作用的药剂，例如苏云金芽孢杆菌制剂，能起到杀虫作用。

棉铃虫幼虫孵化后到二龄一直在作物表面取食和爬行，二龄后期钻蛀。所以在钻蛀之前进行喷药防治能收到更好的效果。

[防治关键技术]

1. 生态防治

（1）农业防治：结合田间管理，及时整枝打杈，把嫩叶、嫩枝上的卵及幼虫一起带出田外烧毁或深埋；结合采收，摘除虫果集中处理，可减少田间卵量和幼虫量。

（2）诱杀成虫：使用诱虫灯、杨树枝把、性诱剂（图134）、糖醋液诱杀成虫可减少田间虫源。

图134　定植后挂性诱剂诱杀成虫

（3）生物防治：在卵高峰时喷施苏云金秆菌(Bt)高含量可湿性粉剂（16 000国际单位/毫克）每667米^{2}300克对水喷雾。在棉铃虫产卵始、盛、末期释放赤眼蜂。每667米^{2}放蜂1.5万头，每次放蜂间隔期3 ~ 5天，连续3 ~ 4次。

2. 药剂防治 虫卵高峰3 ~ 4天后，可用50% Bt可湿性粉剂800倍液、20%福奇悬浮剂1 500倍液、30%度锐悬浮剂3 000倍液、40%福戈水分散粒剂3 000倍液、5%美除乳油1 000 ~ 1 500倍液、5%抑太保乳油1 000倍液，5%菜喜乳油1 000倍液、10%除尽悬浮剂1 000 ~ 1 500倍液、1.0%甲氨基阿维菌素苯甲酸盐乳油1 500 ~ 3 000倍液、2.5%功夫水剂1 000倍液、5%氟铃脲乳油1 000倍液、48%多杀霉素乳油2 000倍液喷雾。

3. 设置防虫网 设置防虫网是春季、秋季以及越夏棚室栽培辣（甜）椒的基本要求，露地栽培也有设置防虫网的，如图135。

图135 露地栽培设置的防虫网

四、防治关键技术操作处方

营养土药剂处理配方

取没有种过蔬菜的大田土与腐熟的有机肥按6 ∶ 4比例混均，并按1米^{3}的苗床土加入68%金雷水分散粒剂100克和2.5%适乐时悬浮剂100毫升拌土一起过筛混匀。用这样的土壤装营养钵或铺在育苗畦上。可以避免苗期立枯病、炭疽病和猝倒病的为害，还可以用以上两种药剂混合后的200 ～ 400倍液在播种前喷洒苗床表面，然后把种子播在含药的土壤中，有较好的预防苗期病害作用。

种子药剂包衣处理配方

用6.25%亮盾悬浮剂10毫升，或2.5%适乐时悬浮剂10毫升＋35%金普隆乳化拌种剂2毫升，对水150 ～ 200毫升包衣3 ～ 4千克种子，可有效防治苗期立枯病、炭疽病、猝倒病等病害发生。

营养钵育苗营养土配制

选用3年未种过茄果类蔬菜的肥沃的表层沙壤土50%，加腐熟过筛的厩肥50%，每立方米加入0.5 ～ 1千克氮、磷、钾复合肥。配好料后，将土壤与肥料充分混合均匀，然后装入营养钵，摆放在畦内备用。

穴盘育苗营养土配制

选用草炭与蛭石为基质的，其比例为2 ∶ 1，或选用草炭与蛭石加废菇料为基质的，其比例为1 ∶ 1 ∶ 1。配制基质时加入氮（N）∶磷（P_2O_5）∶钾（K_2O）为15 ∶ 15 ∶ 15的复合肥2.5 ～ 2.8千克/米^3；或每立方米基质中加入尿素1.3千克、磷酸二氢钾1.5公斤；或单加磷酸二铵2.5千克。肥料与基质混拌均匀后备用。128孔的育苗盘每1 000个育苗盘备用基质约3.7米^3，72孔的育苗盘每1 000个育苗盘备用基质约4.7米^3，覆盖料一律用蛭石。

育苗抗寒生物药剂及施药法

（1）3.4%碧护可湿性粉剂5 000倍液喷施或淋根。

（2）50克红糖加1背负式喷雾器水，再加上0.3%磷酸二氢钾，混匀喷施。

药剂封闭土壤防治烂根操作程序

配制68%金雷水分散粒剂500倍液，在秧苗定植前，对穴坑和定植沟进行封闭式地面喷施。注意先喷药，后定植，以保证秧苗的移栽安全和对茎基腐病的有效预防。

喷花防治灰霉病处方

灰霉病喷药防病处方被菜农称为小喷壶喷施药方法。即在辣椒幼果期，用50%卉友可湿性粉剂2克对10升水，或40%瑞镇水分散粒剂15克对水10升，用喷壶直接喷施即可。

高温闷棚防治线虫病操作程序和物料配比

每667米^2（即1亩）用农家肥 4 米^3＋秸秆5 000千克＋尿素20千克＋速腐剂（加速腐化发酵菌）10千克。秸秆均匀铺成8 ～ 10厘米厚。

操作顺序是：①拉秧，并将其带出棚室集中烧毁或深埋；②

铺设闷棚填充物农家肥、碎秸秆、尿素等于土壤表面；③均匀分撒速腐剂；④深耕旋碎，深度为30厘米；⑤大水漫灌，浇透，以土表见水亮为适度；⑥覆盖地膜；⑦插上地温表，20厘米地温达45 ～ 60℃ ；⑧闷棚15 ～ 20天以上，透气10 ～ 12天后可以定植。

土壤生物氮药剂处理程序

（1）清棚前浇一遍水、水下渗后拔秧；

（2）将未完全腐熟的农家肥或农作物碎秸秆，均匀地铺撒在土壤表面；

（3）每667米^{2}用60 ～ 80千克氰氨化钙均匀撒施在土壤表面；

（4）旋耕土壤10厘米深使其混合均匀；

（5）再浇一次水，以手攥土壤成团为合适；

（6）覆盖地膜；

（7）地温达到40℃高温闷棚10 ～ 15天，然后揭去地膜，放风7 ～ 10天后可做垄定植。处理后的土壤栽培前注意增施磷、钾肥和生物菌肥。

懒汉灌根治虫法（蚜虫、粉虱、蓟马）

用强内吸性杀虫剂25％阿克泰水分散粒剂、或24.7％阿立卡微囊悬浮剂，在移栽前2 ～ 3天，以1 000 ～ 1 500倍液即1桶水加8 ～ 10克阿克泰或15毫升阿立卡，喷淋幼苗，使药液除叶片以外还要渗透到土壤中。平均每平方米苗床喷药液4升左右，或4克阿克泰对1桶水喷淋100棵幼苗，持效期可达20 ～ 30天，有很好的防治蚜虫、粉虱和预防媒介害虫传播毒病毒病的作用。

五、辣（甜）椒一生病害整体防控方案

春提前保护地辣（甜）椒病害防治大处方（3～6月）

移栽田间缓苗后开始：

完成第一次喷药后，隔7～10天再进行第二步操作，依此类推。

第一步：喷75%达科宁可湿性粉剂一次，每袋药（100克）对3桶水，7～10天1次。

第二步：喷75%达科宁可湿性粉剂一次，每袋药（100克）对3桶水，7～10天1次。

第三步：喷25%阿米西达悬浮剂一次，每袋药（10毫升）对1桶水，15～20天1次。

第四步：喷40%施佳乐悬浮剂一次，每袋药（100克）对4桶水，7～10天1次。

第五步：喷25%阿米西达悬浮剂一次，每袋药（10毫升）对1桶水，15天1次。

第六步：喷25%阿米西达悬浮剂一次，每袋药（10毫升）对1桶水，15～20天1次。

第七步：喷68%金雷水分散粒剂，30克药对1桶水，7天1次。

第八步：喷75%达科宁可湿性粉剂，每袋药（100克）对3桶水，7～10天1次，无病时直至收获。

细菌性病害因天气而异，掌握棚室湿度和阴天动态，及时加入防治细菌病害药剂，一般连阴天可以在上述用药时加入防治细菌性病害药剂，晴天不必防治。

秋延后辣（甜）椒病害防治大处方（7 ～ 10月）

移栽田间缓苗后开始：

完成第一次喷药后，隔7 ～ 10天以后再进行第二步操作，依此类推。

第一步：喷75%达科宁可湿性粉剂一次，每袋药（100克）对3桶水，7 ～ 10天1次。

第二步：喷25%阿米西达悬浮剂一次，每袋药（10毫升）对1桶水，15天1次。

第三步：喷10%世高水分散粒剂一次，每袋药（10克）对1桶水，7天1次。

第四步：喷25%阿米西达悬浮剂一次，每袋药（10毫升）对1桶水，15天1次。

第五步：30克10%世高水分散粒剂+5克68%金雷水分散粒剂对1桶水喷施，7天1次。

第六步：喷25%阿米西达悬浮剂一次，每袋药（10毫升）对1桶水，15天1次。

第七步：喷10%世高水分散粒剂一次，每袋药（10克）对1桶水，10天1次。

第八步：喷75%达科宁可湿性粉剂一次，每袋药（100克）对3桶水，7天1次，直至收获。

注意：连续阴天,请注意防治细菌性病害。

越冬辣（甜）椒一生病害防治大处方（11月至翌年5月）

移栽田间缓苗后开始：

第一步：喷75%达科宁可湿性粉剂，连续喷2次，每袋药（100克）对3桶水，7 ～ 10天1次。

第二步：喷10%世高水分散粒剂一次，每袋药（10克）对1桶水，10天1次。

第三步：喷25%阿米西达悬浮剂一次，每袋药（10毫升）对1桶水，20天1次。

第四步：喷68%金雷水分散粒剂一次，每袋药（10克）对1桶水，10天1次。

第五步：喷25%阿米西达悬浮剂一次，每袋药（10毫升）对1桶水，25天1次。

第六步：喷2.5%适乐时悬浮剂，10毫升药对1桶水，或40%施佳乐悬浮剂800倍液，10天1次。

第七步：喷75%达科宁可湿性粉剂2次，每袋药（100克）对3桶水，7～10天1次，如果没有病害发生可持续用75%达科宁可湿性粉剂预防。

第八步：喷25%阿米西达悬浮剂一次，每袋药（10毫升）对1桶水，25天1次。

第九步：喷68%金雷水分散粒剂一次，每袋药（100克）对3桶水，7～10天1次。

第十步：喷25%阿米西达悬浮剂一次，每袋药（10毫升）对1桶水，20天1次。

第十一步：喷75%达科宁可湿性粉剂，每袋药（100克）对3桶水，直至收获。

连续阴雨天应注意防治细菌性病害。

保护地地膜辣（甜）椒一生病害防治大处方（4～9月）

移栽田间缓苗后开始（一般定植后7～15天，依气候而定）：

第一步：喷75%达科宁可湿性粉剂，连续喷2次，每袋药（100克）对3桶水，10天1次。

第二步：喷70%甲基托布津可湿性粉剂，每袋药（100克）对3桶水，10天1次。

第三步：喷25%阿米西达悬浮剂一次，每袋药（10毫升）对1桶水，15天1次。

第四步：喷68%金雷水分散粒剂一次，600倍液［每袋药（100

克）对3桶水]，7 ～ 10天1次。

第五步：喷72%克抗灵可湿性粉剂一次，600倍液［每袋药（100克）对3桶水]，7 ～ 10天1次。

第六步：喷25%阿米西达悬浮剂一次，每袋药（10毫升）对1桶水，15天1次。

第七步：喷25%阿米西达悬浮剂一次，每袋药（10毫升）对1桶水，15天1次。

第八步：喷10%世高水分散粒剂一次，每袋药（10克）对1桶水，7 ～ 10天1次。

第九步：喷68%金雷水分散粒剂一次，600倍液［每袋药（100克）对3桶水]，7天1次。

第十步：75%达科宁可湿性粉剂与80%绿大生可湿性粉剂交替喷施，每袋药（100克）对3桶水，7天1次，直至收获。

六、菜田常用农药通用名称与商品名称对照表

作用类型	商品名称	通用名称	剂型	含量（%）	生产厂家或国内代理商
杀菌剂	金雷	精甲霜灵锰锌	水分散粒剂	68	先正达公司
杀菌剂	世高	苯醚甲环唑	水分散粒剂	10	先正达公司
杀菌剂	适乐时	咯菌腈	悬浮剂	2.5	先正达公司
杀菌剂	卉友	咯菌腈	可湿性粉剂	40	先正达公司
杀菌剂	势克	苯醚甲环唑	乳油	90	先正达公司（江门植保公司）
杀菌剂	百菌清	百菌清	可湿性粉剂	75	云南化工厂等
杀菌剂	达科宁	百菌清	可湿性粉剂	75	先正达公司
杀菌剂	福尔马林	甲醛	晶体	40	上海试剂厂
杀菌剂	硫酸铜	硫酸铜	晶体		国产和进口
杀菌剂	多菌灵	多菌灵	可湿性粉剂	50	江苏新沂
杀菌剂	甲基托布津	甲基硫菌灵	可湿性粉剂	70	日本曹达 江苏新沂等
生长调节剂	碧护	赤吲乙芸	可湿性粉剂	3.4	德国马克普兰（佳禾诚信公司）
杀菌剂	金普隆	精甲霜灵	拌种剂	35	先正达公司
杀菌剂	克抗灵	霜脲锰锌	可湿性粉剂	72	河北科绿丰
杀菌剂	霜疫清	霜脲锰锌	可湿性粉剂	72	保定化工八厂
杀菌剂	杀毒矾	噁霜锰锌	可湿性粉剂	64	先正达公司
杀菌剂	安克	烯酰吗啉锰锌	可湿性粉剂	50	巴斯夫公司
杀菌剂	普力克	霜霉威	水剂	72.2	拜耳公司
杀菌剂	阿米西达	嘧菌酯	悬浮剂	25	先正达公司
杀菌剂	霉能灵	亚胺唑	可湿性粉剂	5	日本北兴（江门植保公司）
杀菌剂	瑞凡	双炔酰菌胺	悬浮剂	25	先正达公司
杀菌剂	绿大生	代森锰锌	可湿性粉剂	80	陶氏公司

（续）

作用类型	商品名称	通用名称	剂型	含量（%）	生产厂家或国内代理商
杀菌剂	阿米多彩	嘧菌酯·百菌清	悬浮剂	56	先正达公司（江门植保公司）
杀菌剂	农利灵	农利灵	干悬浮剂	50	巴斯夫公司
杀菌剂	多霉清	乙霉威·多菌灵	可湿性粉剂	50	保定化工八厂
杀菌剂	利霉康	乙霉威·多菌灵	可湿性粉剂	50	河北科绿丰
杀菌剂	瑞镇	嘧菌环胺	水分散粒剂	50	先正达公司（新禾丰公司）
杀菌剂	加收米	kasugamycin	水剂	2	日本北兴（江门植保公司）
杀菌剂	阿米妙收	苯醚甲环唑醚菌酯	悬浮剂	32.5	先正达公司
杀菌剂	加瑞农	氧氯化铜·春雷霉素	可湿性粉剂	47	日本北兴（江门植保公司）
杀菌剂	铜高尚	氧氯化铜	悬浮剂	27.12	日本
杀菌剂	细菌灵	链霉素·琥珀铜	片剂	25	齐齐哈尔四友
杀菌剂	菲格	金甲霜灵·百菌清		25	齐齐哈尔四友
杀菌剂	链霉素	农用硫酸链霉素	可湿性粉剂	1 000万单位	河北科诺
杀菌剂	枯草芽孢杆菌	枯草芽孢杆菌	可湿性粉剂	10亿个孢子/克	河北科绿丰
杀菌剂	DTM	琥·乙磷铝	可湿性粉剂	80	江苏企业
生长调节剂	赤霉素	九二O	晶体	75	上海十八厂
杀菌剂	爱苗	苯醚·丙环唑	乳油	30	先正达公司
杀菌剂	万霉灵	乙霉威·甲基硫菌灵	可湿性粉剂	50	江苏新沂
杀菌剂	扑海因	异菌脲	可湿性粉剂	50	拜耳公司
杀菌剂	易保	famoxadone/代森锰锌	可湿性粉剂	68.75	杜邦公司
杀菌剂	可杀得	氢氧化铜	可湿性粉剂	77	美国固信
杀菌剂	凯润	吡唑醚菌酯	乳油	25	巴斯夫公司
杀菌剂	施佳乐	嘧霉胺	悬浮剂	40	拜耳公司
杀菌剂	品润	代森锌	干悬浮剂	70	巴斯夫公司
杀菌剂	速克灵	腐霉利	可湿性粉剂	50	日本住友
杀菌剂	福气多	噻唑磷	颗粒剂	10	日本石原

（续）

作用类型	商品名称	通用名称	剂型	含量（%）	生产厂家或国内代理商
杀虫剂	阿立卡	噻虫嗪·高效氯氟氰菊酯	微囊悬浮剂	24.7	先正达公司
杀线虫剂	阿克泰	噻虫嗪	水分散粒剂	25	先正达公司（江门植保公司）
杀虫剂	美除	虱螨脲	乳油	5	先正达公司
杀虫剂	度锐	噻虫嗪·氯虫苯甲酰胺	悬浮剂	30	先正达公司
杀虫剂	吡虫啉	吡虫啉	可湿性粉剂/乳油	10	威远生化/江苏红太阳等
杀虫剂	虫螨克星	阿维菌素	乳油	1.8	威远生化
杀虫剂	印楝素	印楝素	水剂	1.0	陕西西农
杀虫剂	乐斯本	毒死蜱	乳油	48	陶氏公司
杀虫剂	功夫	三氟氯氰菊酯	水剂	2.5	先正达公司
杀虫剂	福奇	高效氯氟氰菊酯·氯虫苯甲酰胺	悬浮剂	20	先正达公司
杀线虫剂	灭线磷	灭线磷	颗粒剂	20	国内企业
杀虫剂	宝剑	阿维·氯虫苯甲酰胺	悬浮剂	20	先正达公司

图书在版编目（CIP）数据

图说辣（甜）椒病虫害防治关键技术/孙茜，王幼敏，潘文亮主编．—北京：中国农业出版社，2011.12（2014.8 重印）

ISBN 978－7－109－16468－0

Ⅰ．①图… Ⅱ．①孙… ②王… ③潘… Ⅲ．①辣椒－病虫害防治 Ⅳ．①S436．418

中国版本图书馆CIP数据核字（2011）第275895号

中国农业出版社出版

（北京市朝阳区农展馆北路2号）

（邮政编码　100125）

责任编辑　张洪光　阎莎莎

中国农业出版社印刷厂印刷　　新华书店北京发行所发行

2012 年 2 月第 1 版　　2015 年 1 月北京第 1 次印刷

开本：880mm×1230mm　1/32　　印张：3

字数：78 千字　印数：6 001～9 000 册

定价：15.00 元